✕ multiplication ✕

THIS BOOK BELONGS TO 🖉

Table of contents

sections → **days** →

Multiplying 0's and 1's..1-5

Multiplying 2's..6-12

Multiplying 3's...13-19

Multiplying 4's...20-26

Multiplying 5's...27-33

Multiplying 6's...34-40

Multiplying 7's...41-47

Multiplying 8's...48-54

Multiplying 9's...55-61

Multiplying 10's...62-68

Multiplying 11's...69-75

Multiplying 12's...76-82

Mixed problems..83-100

Answer key in back

DAY 1 — Multiplying 0 and 1

Name: --------------------------------
Date: --------------------------------

Score: /32   Time: __:__

7 × 1	3 × 0	7 × 1	8 × 0	2 × 1	6 × 0	3 × 0	9 × 1
0 × 2	1 × 3	7 × 1	3 × 0	4 × 1	1 × 0	6 × 1	8 × 0
5 × 1	0 × 1	1 × 4	6 × 0	4 × 1	8 × 0	1 × 6	0 × 4
1 × 3	7 × 0	2 × 1	8 × 0	7 × 1	8 × 1	1 × 2	5 × 0

DAY 2 — Multiplying 0 and 1

Name: ----------------------------
Date: ----------------------------

Score: /32   Time: :

7 × 0	4 × 1	1 × 8	7 × 1	6 × 1	0 × 8	5 × 0	6 × 1
6 × 1	0 × 9	8 × 1	5 × 0	0 × 2	1 × 8	5 × 1	1 × 8
5 × 0	0 × 2	1 × 8	5 × 1	1 × 9	7 × 0	2 × 1	0 × 8
1 × 6	0 × 2	1 × 9	7 × 0	0 × 5	1 × 4	8 × 1	2 × 0

DAY 3 — Multiplying 0 and 1

Name: ----------------------------

Date: ----------------------------

Score: /32   Time: __:__

1 × 6	6 × 0	8 × 0	6 × 1	1 × 9	1 × 3	1 × 1	0 × 0
7 × 0	6 × 1	9 × 0	2 × 0	0 × 4	0 × 6	0 × 5	9 × 0
5 × 1	4 × 1	1 × 3	0 × 4	1 × 8	5 × 1	8 × 1	0 × 5
7 × 0	8 × 1	1 × 6	0 × 9	1 × 2	5 × 0	0 × 2	2 × 1

DAY 4 — Multiplying 0 and 1

Name: ----------------------------

Date: ----------------------------

Score: /32   Time: :

1×7	5×1	1×4	8×0	0×7	8×1	1×6	0×4
0×3	9×1	7×0	4×0	9×0	0×6	1×6	6×0
6×1	1×8	3×1	0×2	0×0	6×1	9×0	5×1
8×0	1×0	1×4	5×1	2×1	7×1	3×0	0×0

DAY 5 — Multiplying 0 and 1

Name: ---------------------------
Date: ---------------------------
Score: /32
Time: :

1 × 2	0 × 8	1 × 6	2 × 0	1 × 9	6 × 0	0 × 5	1 × 4
9 × 1	9 × 1	0 × 4	2 × 1	0 × 9	0 × 6	1 × 4	4 × 0
0 × 1	0 × 0	6 × 1	9 × 0	5 × 1	9 × 0	0 × 5	2 × 1
1 × 3	0 × 2	1 × 2	5 × 0	2 × 0	3 × 0	3 × 1	0 × 1

DAY 6 — Multiplying 2

Name: --------------------------
Date: --------------------------

Score: /32   Time: :

2 × 3	2 × 5	6 × 2	2 × 7	2 × 2	9 × 2	2 × 1	0 × 2
8 × 2	2 × 4	0 × 2	2 × 3	6 × 2	2 × 4	3 × 2	2 × 9
8 × 2	2 × 2	0 × 2	2 × 8	2 × 2	5 × 2	2 × 1	4 × 2
2 × 8	3 × 2	2 × 7	6 × 2	5 × 2	2 × 0	1 × 2	2 × 2

 DAY 7 — Multiplying 2

Name: --------------------------
Score: 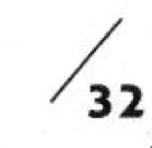 /32   Time :
Date: --------------------------

2 × 2	2 × 0	5 × 2	2 × 9	0 × 2	1 × 2	2 × 0	1 × 2
7 × 2	2 × 8	1 × 2	3 × 2	1 × 2	2 × 2	9 × 2	2 × 1
0 × 2	6 × 2	7 × 2	1 × 2	3 × 2	4 × 2	2 × 7	2 × 2
2 × 1	9 × 2	2 × 6	7 × 2	4 × 2	2 × 5	3 × 2	0 × 2

DAY 8 — Multiplying 2

Name: --------------------------
Date: --------------------------
Score: /32   Time: :

8 × 2	2 × 1	2 × 2	2 × 1	2 × 5	2 × 4	8 × 2	2 × 8
2 × 2	6 × 2	2 × 6	2 × 3	2 × 8	2 × 2	2 × 7	5 × 2
2 × 3	5 × 2	2 × 7	10 × 2	2 × 2	6 × 2	2 × 2	9 × 2
4 × 2	2 × 8	0 × 2	2 × 5	2 × 8	8 × 2	2 × 8	7 × 2

DAY 9 — Multiplying 2

Name: ----------------------------
Date: ----------------------------
Score: /32   Time: :

2 × 5	9 × 2	2 × 5	2 × 1	4 × 2	1 × 2	2 × 2	2 × 2

1 × 2	2 × 9	9 × 2	2 × 1	7 × 2	2 × 2	4 × 2	2 × 4

6 × 2	2 × 7	9 × 2	10 × 2	8 × 2	2 × 8	2 × 2	2 × 0

2 × 1	1 × 2	10 × 2	5 × 2	0 × 2	2 × 6	6 × 2	2 × 1

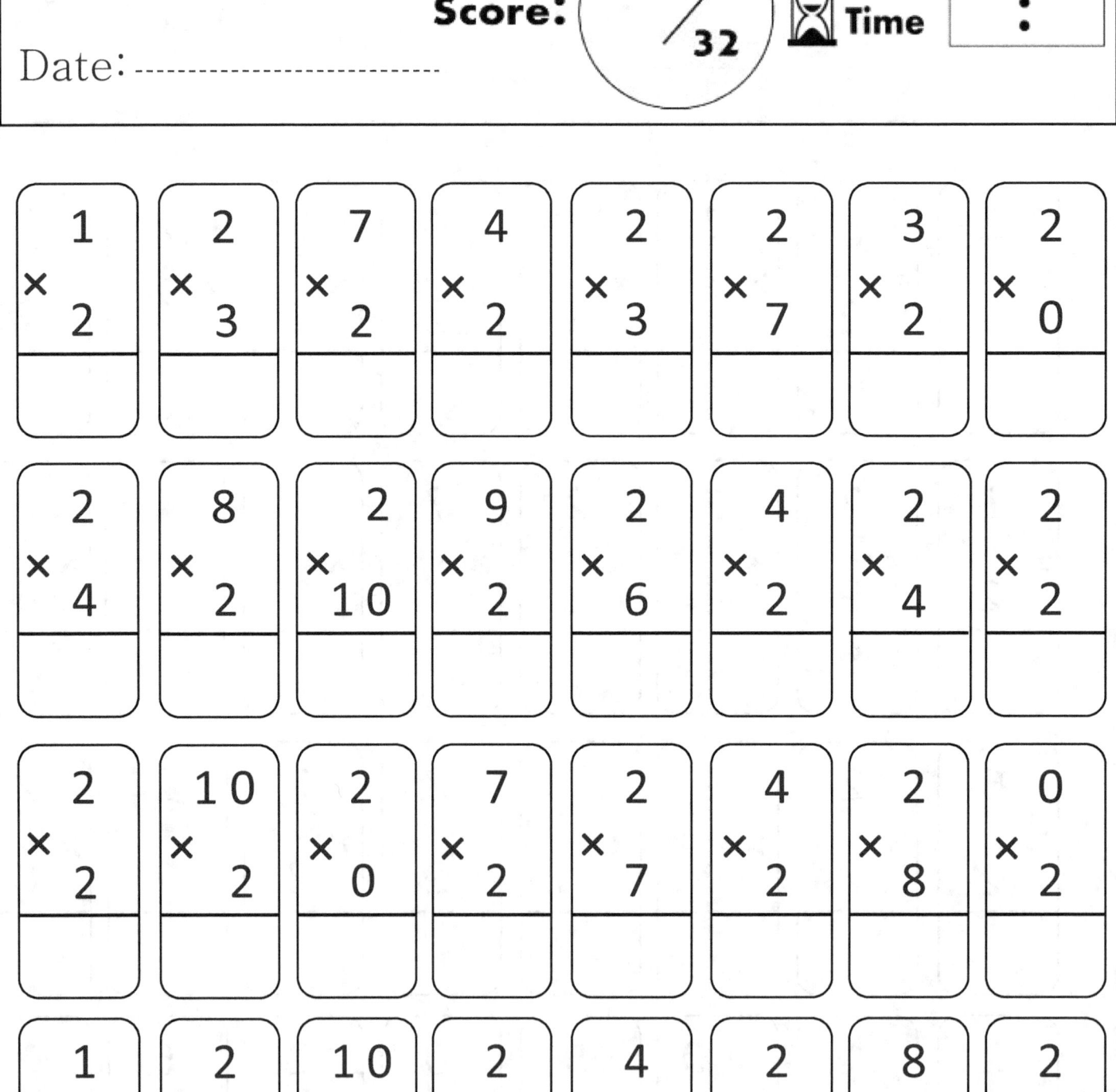

DAY 11 — Multiplying 2

Name: ----------------------------

Date: ----------------------------

Score: /32   Time: __:__

| 2 × 1 | 8 × 2 | 2 × 5 | 5 × 2 | 2 × 1 | 5 × 2 | 2 × 8 | 0 × 2 |

| 4 × 2 | 2 × 9 | 8 × 2 | 2 × 7 | 6 × 2 | 2 × 4 | 8 × 2 | 2 × 5 |

| 2 × 0 | 2 × 1 | 3 × 2 | 8 × 2 | 2 × 9 | 2 × 9 | 2 × 2 | 1 × 2 |

| 7 × 2 | 8 × 2 | 10 × 2 | 2 × 4 | 2 × 1 | 2 × 2 | 5 × 2 | 2 × 7 |

DAY 12 — Multiplying 2

Name: ----------------------

Date: ----------------------

Score: /32   Time: :

| 2 × 8 | 5 × 2 | 2 × 3 | 6 × 2 | 2 × 7 | 3 × 2 | 2 × 7 | 1 × 2 |

| 9 × 2 | 2 × 9 | 4 × 2 | 2 × 0 | 5 × 2 | 2 × 8 | 0 × 2 | 2 × 0 |

| 2 × 2 | 2 × 8 | 10 × 2 | 1 × 2 | 2 × 1 | 2 × 0 | 2 × 3 | 4 × 2 |

| 4 × 2 | 2 × 2 | 10 × 2 | 2 × 3 | 2 × 4 | 6 × 2 | 9 × 2 | 2 × 8 |

DAY 13 — Multiplying 3

Name: _____

Date: _____

Score: /32   Time: __:__

5 × 3	3 × 2	6 × 3	3 × 7	6 × 3	3 × 4	9 × 3	3 × 0
3 × 4	4 × 3	3 × 3	0 × 3	3 × 0	7 × 3	3 × 1	10 × 3
3 × 6	3 × 9	10 × 3	2 × 3	3 × 8	3 × 0	6 × 3	6 × 3
8 × 3	9 × 3	10 × 3	6 × 3	3 × 2	3 × 7	0 × 3	3 × 0

DAY 14 — Multiplying 3

Name: ----------------------------
Date: ----------------------------

Score: /32   Time: :

9 × 3	3 × 8	8 × 3	3 × 9	7 × 3	3 × 2	9 × 3	3 × 7

3 × 6	5 × 3	3 × 8	8 × 3	3 × 6	6 × 3	3 × 9	10 × 3

3 × 5	3 × 4	10 × 3	9 × 3	3 × 3	3 × 2	4 × 3	7 × 3

5 × 3	8 × 3	10 × 3	5 × 3	3 × 8	3 × 4	1 × 3	3 × 3

DAY 15 — Multiplying 3

Name: ----------------------------
Date: ----------------------------
Score: /32   Time: __:__

3 × 9	5 × 3	3 × 9	3 × 9	3 × 6	8 × 3	3 × 4	9 × 3
5 × 3	3 × 5	6 × 3	3 × 7	2 × 3	3 × 2	9 × 3	10 × 3
2 × 3	6 × 3	10 × 3	3 × 9	8 × 3	2 × 3	3 × 9	3 × 1
3 × 2	3 × 8	10 × 3	3 × 8	2 × 3	1 × 3	3 × 2	0 × 3

DAY 16 — Multiplying 3

Name: ----------------------------
Date: ----------------------------
Score: /32 Time: :

3 × 7	5 × 3	3 × 9	3 × 9	3 × 6	8 × 3	3 × 4	9 × 3
5 × 3	3 × 5	6 × 3	3 × 7	2 × 3	3 × 2	9 × 3	10 × 3
2 × 3	6 × 3	10 × 3	3 × 9	8 × 3	2 × 3	3 × 9	3 × 1
3 × 2	3 × 8	10 × 3	3 × 8	2 × 3	1 × 3	3 × 2	0 × 3

DAY 17 — Multiplying 3

Name: --------------------------------
Date: --------------------------------
Score: /32   Time: __:__

3 × 5	1 × 3	3 × 7	3 × 0	3 × 4	2 × 3	3 × 2	7 × 3

7 × 3	3 × 5	8 × 3	3 × 5	7 × 3	3 × 7	8 × 3	10 × 3

8 × 3	8 × 3	10 × 3	3 × 4	9 × 3	3 × 3	3 × 2	3 × 5

3 × 7	3 × 9	10 × 3	3 × 4	9 × 3	9 × 3	3 × 5	5 × 3

DAY 18 — Multiplying 3

Name: --------------------------
Date: --------------------------
Score: /32   Time: :

| 9 × 3 | 3 × 9 | 8 × 3 | 5 × 3 | 9 × 3 | 3 × 6 | 3 × 2 | 3 × 7 |

| 3 × 2 | 5 × 3 | 3 × 2 | 2 × 3 | 3 × 5 | 2 × 3 | 3 × 7 | 10 × 3 |

| 3 × 9 | 3 × 4 | 10 × 3 | 2 × 3 | 3 × 4 | 4 × 3 | 9 × 3 | 2 × 3 |

| 0 × 3 | 6 × 3 | 10 × 3 | 2 × 3 | 3 × 9 | 9 × 3 | 7 × 3 | 3 × 0 |

DAY 19 — Multiplying 3

Name: ----------------------------
Date: ----------------------------

Score: /32   Time: :

7 × 3	3 × 7	5 × 3	8 × 3	6 × 3	3 × 2	3 × 7	3 × 2
2 × 3	1 × 3	3 × 6	7 × 3	3 × 6	9 × 3	3 × 5	10 × 3
3 × 2	3 × 5	10 × 3	3 × 2	3 × 9	5 × 3	6 × 3	9 × 3
4 × 3	7 × 3	10 × 3	0 × 3	3 × 0	2 × 3	1 × 3	3 × 1

DAY 20 — Multiplying 4

Name: --------------------------

Date: --------------------------

Score: /32 Time: :

4 × 8	4 × 4	4 × 5	4 × 9	4 × 5	8 × 4	2 × 4	8 × 4
4 × 2	4 × 6	7 × 4	4 × 3	8 × 4	4 × 6	4 × 4	10 × 4
9 × 4	2 × 4	10 × 4	8 × 4	2 × 4	4 × 8	4 × 7	4 × 0
4 × 6	4 × 8	10 × 4	4 × 5	9 × 4	4 × 6	4 × 4	4 × 0

DAY 21 — Multiplying 4

Name: --------------------------
Date: --------------------------
Score: /32   Time: :

4 × 5	2 × 4	4 × 4	8 × 4	4 × 3	3 × 4	4 × 9	0 × 4
2 × 4	4 × 3	8 × 4	4 × 2	0 × 4	4 × 3	1 × 4	10 × 4
4 × 0	4 × 1	10 × 4	1 × 4	4 × 1	0 × 4	4 × 6	4 × 4
9 × 4	7 × 4	10 × 4	4 × 3	4 × 4	4 × 1	4 × 0	0 × 4

DAY 22 — Multiplying 4

Name: ---------------------------
Date: ---------------------------
Score: /32   Time: :

4 × 8	0 × 4	4 × 2	6 × 4	4 × 9	9 × 4	4 × 1	6 × 4
6 × 4	4 × 9	7 × 4	4 × 8	7 × 4	4 × 8	3 × 4	10 × 4
4 × 3	4 × 7	10 × 4	0 × 4	4 × 6	8 × 4	4 × 2	6 × 4
4 × 4	5 × 4	10 × 4	7 × 4	4 × 7	4 × 4	4 × 2	2 × 4

DAY 23 — Multiplying 4

Name: ----------------------------
Date: ----------------------------
Score: /32   Time: :

4 × 4	5 × 4	4 × 7	3 × 4	4 × 7	7 × 4	4 × 8	7 × 4
4 × 4	4 × 0	9 × 4	4 × 5	8 × 4	4 × 5	3 × 4	10 × 4
4 × 8	4 × 6	10 × 4	2 × 4	4 × 2	0 × 4	4 × 3	3 × 4
6 × 4	8 × 4	10 × 4	7 × 4	4 × 9	0 × 4	4 × 1	3 × 4

DAY 24 — Multiplying 4

Name: ----------------------------

Date: ----------------------------

Score: /32   Time: :

4 × 4	5 × 4	4 × 7	3 × 4	4 × 7	7 × 4	4 × 8	7 × 4
4 × 4	4 × 0	9 × 4	4 × 5	8 × 4	4 × 5	3 × 4	10 × 4
4 × 8	4 × 6	10 × 4	2 × 4	4 × 2	0 × 4	4 × 3	3 × 4
6 × 4	8 × 4	10 × 4	7 × 4	4 × 9	0 × 4	4 × 1	3 × 4

DAY 25 — Multiplying 4

Name: ----------------------------
Date: ----------------------------
Score: /32   Time: :

4 × 6	9 × 4	4 × 9	7 × 4	4 × 8	8 × 4	4 × 5	9 × 4
0 × 4	4 × 1	2 × 4	4 × 3	10 × 4	4 × 9	5 × 4	8 × 4
4 × 3	4 × 9	0 × 4	1 × 4	4 × 3	9 × 4	4 × 0	10 × 4
7 × 4	1 × 4	6 × 4	2 × 4	4 × 3	8 × 4	4 × 2	7 × 4

DAY 26 — Multiplying 4

Name: ----------------------------
Date: ----------------------------
Score: /32   Time: :

4 × 8	0 × 4	4 × 9	5 × 4	4 × 1	1 × 4	4 × 9	6 × 4
2 × 4	4 × 4	8 × 4	4 × 6	10 × 4	4 × 1	3 × 4	2 × 4
4 × 8	4 × 2	9 × 4	5 × 4	4 × 4	1 × 4	4 × 6	10 × 4
3 × 4	0 × 4	4 × 4	1 × 4	4 × 8	6 × 4	4 × 7	0 × 4

DAY 27 — Multiplying 5

Name: ----------------------------
Date: ----------------------------
Score: /32 Time: __:__

5 × 8	7 × 5	5 × 4	3 × 5	5 × 0	3 × 5	5 × 8	5 × 5
5 × 5	5 × 3	2 × 5	5 × 2	10 × 5	5 × 3	7 × 5	5 × 2
5 × 3	5 × 6	3 × 5	3 × 5	5 × 2	5 × 9	6 × 5	10 × 5
0 × 5	9 × 5	5 × 7	5 × 1	0 × 5	8 × 5	5 × 5	5 × 10

DAY 28 — Multiplying 5

Name: ----------------------------

Date: ----------------------------

Score: /32   Time: :

5 × 8	0 × 5	5 × 7	6 × 5	5 × 2	2 × 5	5 × 6	8 × 5
7 × 5	5 × 8	5 × 5	5 × 7	10 × 5	5 × 9	9 × 5	5 × 3
5 × 0	5 × 9	1 × 5	9 × 5	5 × 0	5 × 7	1 × 5	10 × 5
8 × 5	2 × 5	5 × 6	5 × 2	2 × 5	1 × 5	4 × 5	5 × 10

DAY 29 — Multiplying 5

Name: ------------------------

Date: ------------------------

Score: /32   Time: :

5 × 9	8 × 5	5 × 1	9 × 5	5 × 3	1 × 5	5 × 9	5 × 5
2 × 5	5 × 2	2 × 5	5 × 3	10 × 5	5 × 7	4 × 5	5 × 9
5 × 2	5 × 1	6 × 5	5 × 5	5 × 7	5 × 4	0 × 5	10 × 5
2 × 5	3 × 5	5 × 8	5 × 8	8 × 5	6 × 5	9 × 5	5 × 10

DAY 30 — Multiplying 5

Name: ----------------------------

Date: ----------------------------

Score: /32   Time: :

5 × 7	6 × 5	5 × 2	6 × 5	5 × 9	3 × 5	5 × 7	9 × 5
1 × 5	5 × 6	8 × 5	5 × 4	10 × 5	5 × 1	0 × 5	5 × 0
5 × 1	5 × 5	7 × 5	8 × 5	5 × 0	5 × 8	1 × 5	10 × 5
8 × 5	1 × 5	5 × 6	5 × 7	7 × 5	8 × 5	0 × 5	5 × 10

DAY 31 — Multiplying 5

Name: ----------------------
Date: ----------------------
Score: /32
Time: :

5×8	7×5	5×3	2×5	5×6	7×5	5×3	1×5
2×5	5×3	1×5	5×6	10×5	5×2	1×5	5×4
5×6	5×5	9×5	4×5	5×8	5×3	0×5	10×5
5×5	2×5	5×1	5×2	6×5	0×5	9×5	5×10

DAY 32 — Multiplying 5

Name: ----------------------------

Date: ----------------------------

Score: /32   Time: :

5 × 7	6 × 5	5 × 5	2 × 5	5 × 0	8 × 5	5 × 6	8 × 5

0 × 5	5 × 8	9 × 5	5 × 6	10 × 5	5 × 5	7 × 5	5 × 3

5 × 2	5 × 0	1 × 5	9 × 5	5 × 7	5 × 6	3 × 5	10 × 5

4 × 5	3 × 5	5 × 2	5 × 1	1 × 5	8 × 5	0 × 5	5 × 10

DAY 33 — Multiplying 5

Name: ---------------------------
Date: ---------------------------

Score: /32   Time: :

5 × 7	1 × 5	5 × 0	9 × 5	5 × 4	1 × 5	5 × 7	4 × 5
9 × 5	5 × 3	0 × 5	5 × 2	10 × 5	5 × 1	0 × 5	5 × 9
5 × 8	5 × 1	2 × 5	4 × 5	5 × 6	5 × 8	9 × 5	10 × 5
1 × 5	3 × 5	5 × 5	5 × 7	9 × 5	2 × 5	4 × 5	5 × 10

DAY 34 — Multiplying 6

Name: ----------------------

Date: ----------------------

Score: /32 **Time:** :

8 × 6	6 × 2	6 × 6	6 × 1	3 × 6	6 × 9	7 × 6	6 × 7
6 × 6	4 × 6	6 × 0	1 × 6	6 × 1	0 × 6	6 × 2	10 × 6
2 × 6	7 × 6	6 × 4	6 × 9	2 × 6	10 × 6	6 × 8	6 × 9
6 × 2	6 × 5	6 × 8	8 × 6	9 × 6	4 × 6	10 × 6	6 × 0

DAY 35 — Multiplying 6

Name: ----------------------------
Date: ----------------------------
Score: /32   Time: __:__

6 × 6	6 × 4	2 × 6	6 × 8	2 × 6	6 × 3	2 × 6	6 × 3
6 × 2	3 × 6	6 × 0	6 × 6	6 × 0	7 × 6	6 × 8	10 × 6
4 × 6	7 × 6	6 × 3	6 × 2	8 × 6	10 × 6	6 × 8	6 × 1
6 × 9	6 × 3	6 × 6	4 × 6	8 × 6	5 × 6	10 × 6	6 × 6

DAY 36 — Multiplying 6

Name: --------------------------

Date: --------------------------

Score: /32   Time: :

2×6	6×2	9×6	6×5	0×6	6×4	1×6	6×5
10×6	4×6	6×1	5×6	6×9	6×6	6×8	7×6
0×6	5×6	6×4	6×6	1×6	2×6	6×2	6×10
6×2	6×4	6×5	10×6	7×6	5×6	0×6	6×9

DAY 37 — Multiplying 6

Name: ---------------------------
Date: ---------------------------
Score: /32   Time: :

1 × 6	6 × 7	5 × 6	6 × 3	4 × 6	6 × 9	8 × 6	6 × 8

10 × 6	9 × 6	6 × 0	7 × 6	6 × 5	1 × 6	6 × 6	8 × 6

1 × 6	7 × 6	6 × 0	6 × 8	9 × 6	8 × 6	6 × 9	6 × 10

6 × 6	6 × 5	6 × 4	10 × 6	3 × 6	2 × 6	0 × 6	6 × 1

DAY 38 — Multiplying 6

Name: --------------------------
Date: --------------------------
Score: /32   Time: :

1 × 6	6 × 3	5 × 6	6 × 7	9 × 6	6 × 0	2 × 6	6 × 4
10 × 6	6 × 6	6 × 8	1 × 6	6 × 9	2 × 6	6 × 8	3 × 6
7 × 6	4 × 6	6 × 6	6 × 1	3 × 6	5 × 6	6 × 7	6 × 10
6 × 9	6 × 0	6 × 2	10 × 6	4 × 6	6 × 6	8 × 6	6 × 9

DAY 39 — Multiplying 6

Name: ----------------------------
Date: ----------------------------

Score: /32   Time: :

8 × 6	6 × 5	10 × 6	6 × 6	5 × 6	6 × 4	0 × 6	6 × 7
2 × 6	0 × 6	6 × 3	2 × 6	6 × 1	5 × 6	6 × 8	6 × 6
4 × 6	8 × 6	6 × 0	6 × 3	0 × 6	4 × 6	6 × 1	6 × 10
6 × 5	10 × 6	6 × 0	4 × 6	1 × 6	3 × 6	9 × 6	6 × 6

DAY 40 — Multiplying 6

Name: ----------------------------
Date: ----------------------------
Score: /32
Time :

2 × 6	6 × 5	10 × 6	6 × 4	4 × 6	6 × 3	1 × 6	6 × 8
3 × 6	1 × 6	6 × 4	3 × 6	6 × 2	6 × 6	6 × 9	7 × 6
5 × 6	9 × 6	6 × 1	6 × 4	1 × 6	5 × 6	6 × 2	6 × 10
6 × 6	10 × 6	6 × 1	5 × 6	2 × 6	4 × 6	7 × 6	6 × 7

DAY 41 — Multiplying 7

Name: ----------------------------
Date: ----------------------------
Score: /32   Time: __:__

7 × 3	5 × 7	7 × 8	6 × 7	7 × 3	9 × 7	7 × 2	4 × 7
7 × 7	7 × 0	9 × 7	7 × 2	10 × 7	7 × 2	0 × 7	7 × 9
7 × 6	7 × 0	0 × 7	7 × 7	7 × 6	7 × 1	2 × 7	10 × 7
3 × 7	8 × 7	7 × 2	7 × 4	5 × 7	8 × 7	9 × 7	7 × 10

DAY 42 — Multiplying 7

Name: ----------------------------
Date: ----------------------------
Score: /32
Time:

7 × 0	2 × 7	7 × 1	0 × 7	7 × 4	2 × 7	7 × 6	2 × 7
3 × 7	7 × 2	6 × 7	7 × 1	10 × 7	7 × 6	2 × 7	7 × 1
7 × 0	7 × 8	0 × 7	7 × 5	7 × 1	7 × 2	1 × 7	10 × 7
2 × 7	3 × 7	7 × 8	7 × 1	0 × 7	1 × 7	2 × 7	7 × 10

DAY 43 — Multiplying 7

Name: ----------------------------
Date: ----------------------------
Score: /32   Time: :

6×7	7×2	2×7	0×7	0×7	7×2	7×3	7×0
0×7	1×7	7×3	7×2	7×0	2×7	7×3	10×7
7×1	7×8	10×7	7×0	7×4	2×7	5×7	1×7
7×7	2×7	10×7	2×7	7×1	1×7	2×7	7×7

DAY 44 — Multiplying 7

Name: ----------------------------

Date: ----------------------------

Score: /32   Time: __:__

7 × 7	7 × 1	0 × 7	2 × 7	9 × 7	7 × 1	7 × 0	7 × 8
1 × 7	0 × 7	7 × 1	7 × 3	7 × 1	0 × 7	7 × 5	10 × 7
7 × 4	7 × 0	10 × 7	7 × 6	7 × 0	5 × 7	1 × 7	6 × 7
1 × 7	8 × 7	10 × 7	0 × 7	7 × 4	0 × 7	1 × 7	6 × 7

DAY 45 — Multiplying 7

Name: ----------------------------
Date: ----------------------------
Score: /32   Time: :

7 × 3	1 × 7	7 × 0	1 × 7	7 × 5	1 × 7	7 × 0	1 × 7

0 × 7	7 × 2	7 × 7	7 × 1	1 × 7	7 × 0	3 × 7	10 × 7

7 × 1	7 × 4	10 × 7	9 × 7	7 × 0	6 × 7	7 × 1	7 × 8

0 × 7	6 × 7	10 × 7	7 × 8	7 × 1	7 × 0	7 × 9	7 × 7

DAY 46 — Multiplying 7

Name: ----------------------------
Date: ----------------------------
Score: /32
Time: :

7 × 0	0 × 7	7 × 1	1 × 7	7 × 2	0 × 7	7 × 3	1 × 7
1 × 7	7 × 0	4 × 7	7 × 1	10 × 7	7 × 1	4 × 7	7 × 1
7 × 1	7 × 0	5 × 7	0 × 7	7 × 8	7 × 0	6 × 7	10 × 7
3 × 7	0 × 7	7 × 7	7 × 1	2 × 7	1 × 7	9 × 7	7 × 10

DAY 47 — Multiplying 7

Name: ----------------------------
Date: ----------------------------
Score: /32   Time: :

7 × 5	0 × 7	7 × 6	1 × 7	7 × 0	2 × 7	7 × 1	0 × 7
7 × 7	7 × 1	8 × 7	7 × 0	10 × 7	7 × 9	1 × 7	7 × 3
7 × 0	7 × 1	0 × 7	8 × 7	7 × 0	7 × 6	1 × 7	10 × 7
5 × 7	1 × 7	7 × 1	7 × 0	1 × 7	9 × 7	3 × 7	7 × 10

DAY 48 — Multiplying 8

Name: ----------------------------

Date: ----------------------------

Score: /32   Time: :

8 × 0	9 × 8	8 × 1	3 × 8	8 × 1	0 × 8	8 × 9	1 × 8

0 × 8	8 × 0	0 × 8	8 × 8	10 × 8	8 × 1	3 × 8	8 × 9

8 × 1	8 × 0	1 × 8	3 × 8	8 × 5	8 × 0	2 × 8	10 × 8

1 × 8	1 × 8	8 × 6	8 × 1	5 × 8	0 × 8	2 × 8	8 × 10

DAY 49 — Multiplying 8

Name: ----------------------------
Date: ----------------------------

Score: /32   Time: :

7 × 8	8 × 0	10 × 8	8 × 4	1 × 8	8 × 1	7 × 8	8 × 7
1 × 8	0 × 8	8 × 8	2 × 8	8 × 0	1 × 8	8 × 8	1 × 8
7 × 8	1 × 8	8 × 0	8 × 0	5 × 8	8 × 8	8 × 0	8 × 10
1 × 8	10 × 8	8 × 9	1 × 8	8 × 8	1 × 8	1 × 8	8 × 0

DAY 50 — Multiplying 8

Name: --------------------------
Date: --------------------------

Score: /32   Time:

0 × 8	8 × 6	10 × 8	8 × 1	0 × 8	8 × 1	1 × 8	8 × 1
6 × 8	3 × 8	0 × 8	0 × 8	8 × 4	0 × 8	1 × 8	6 × 8
1 × 8	0 × 8	8 × 1	8 × 4	1 × 8	0 × 8	8 × 7	8 × 10
3 × 8	10 × 8	8 × 1	6 × 8	8 × 1	0 × 8	3 × 8	8 × 8

DAY 51 — Multiplying 8

Name: ----------------------------

Date: ----------------------------

Score: /32   Time: :

8×8	1×8	8×0	0×8	8×9	1×8	8×0	5×8
6×8	8×1	7×8	8×0	2×8	8×1	3×8	8×0
8×4	8×0	9×8	1×8	8×8	8×0	7×8	5×8
2×8	1×8	10×8	8×7	8×0	8×3	6×8	8×9

DAY 52 — Multiplying 8

Name: ----------------------------
Date: ----------------------------
Score: /32   Time: :

8 × 1	9 × 8	8 × 7	0 × 8	8 × 1	8 × 8	8 × 6	0 × 8
0 × 8	8 × 0	1 × 8	8 × 1	9 × 8	8 × 0	2 × 8	8 × 1
8 × 0	8 × 7	1 × 8	3 × 8	8 × 0	8 × 1	1 × 8	2 × 8
8 × 8	0 × 8	10 × 8	8 × 4	8 × 1	8 × 6	0 × 8	8 × 0

DAY 53 — Multiplying 8

Name: ----------------------------

Date: ----------------------------

Score: /32   Time: :

8 × 0	0 × 8	8 × 1	7 × 8	8 × 0	1 × 8	8 × 8	1 × 8
0 × 8	8 × 2	9 × 8	8 × 9	0 × 8	8 × 3	1 × 8	8 × 8
8 × 4	8 × 1	0 × 8	0 × 8	8 × 1	8 × 5	7 × 8	6 × 8
9 × 8	1 × 8	10 × 8	8 × 7	8 × 0	8 × 2	1 × 8	8 × 4

DAY 54 — Multiplying 8

Name: --------------------------
Date: --------------------------
Score: /32   Time: :

| 8 × 6 | 1 × 8 | 8 × 0 | 9 × 8 | 8 × 0 | 5 × 8 | 8 × 1 | 2 × 8 |

| 5 × 8 | 8 × 0 | 7 × 8 | 8 × 1 | 10 × 8 | 8 × 8 | 1 × 8 | 8 × 4 |

| 8 × 0 | 8 × 1 | 7 × 8 | 0 × 8 | 8 × 3 | 8 × 2 | 1 × 8 | 10 × 8 |

| 5 × 8 | 0 × 8 | 8 × 1 | 8 × 8 | 3 × 8 | 4 × 8 | 6 × 8 | 8 × 10 |

DAY 55 — Multiplying 9

Name: ----------------------------

Date: ----------------------------

Score: /32   Time: :

9 × 1	3 × 9	9 × 5	7 × 9	9 × 9	0 × 9	9 × 2	4 × 9
6 × 9	9 × 8	1 × 9	9 × 9	10 × 9	2 × 9	9 × 8	9 × 3
9 × 7	9 × 4	6 × 9	5 × 9	9 × 1	9 × 3	5 × 9	10 × 9
7 × 9	9 × 9	9 × 0	2 × 9	9 × 4	6 × 9	9 × 8	9 × 10

DAY 56 — Multiplying 9

Name: --------------------------
Date: --------------------------
Score: /32   Time: :

0 × 9	9 × 5	2 × 9	9 × 1	1 × 9	9 × 6	7 × 9	9 × 2
9 × 4	1 × 9	9 × 2	3 × 9	9 × 5	1 × 9	9 × 0	10 × 9
9 × 7	9 × 3	10 × 9	1 × 9	9 × 1	9 × 6	2 × 9	8 × 9
1 × 9	7 × 9	10 × 9	1 × 9	9 × 1	9 × 0	2 × 9	9 × 9

DAY 57 — Multiplying 9

Name: ----------------------------
Date: ----------------------------
Score: /32   Time: :

6 × 9	9 × 0	8 × 9	9 × 0	9 × 9	9 × 1	5 × 9	9 × 0
9 × 6	3 × 9	9 × 1	2 × 9	9 × 7	2 × 9	9 × 2	10 × 9
9 × 0	9 × 1	10 × 9	9 × 9	9 × 2	9 × 3	4 × 9	1 × 9
5 × 9	1 × 9	10 × 9	1 × 9	9 × 3	9 × 6	0 × 9	9 × 3

DAY 58 — Multiplying 9

Name: ----------------------------
Date: ----------------------------
Score: /32   Time: :

9 × 4	3 × 9	9 × 2	9 × 9	9 × 1	1 × 9	9 × 0	7 × 9
6 × 9	9 × 6	8 × 9	9 × 1	10 × 9	9 × 5	2 × 9	3 × 9
9 × 0	9 × 1	9 × 9	3 × 9	9 × 7	9 × 1	9 × 2	10 × 9
9 × 9	0 × 9	1 × 9	3 × 9	9 × 8	0 × 9	9 × 0	2 × 9

DAY 59 — Multiplying 9

Name: ----------------------------
Date: ----------------------------

Score: /32   Time: :

9 × 0	6 × 9	9 × 1	2 × 9	9 × 3	3 × 9	9 × 4	1 × 9
1 × 9	9 × 5	2 × 9	9 × 8	10 × 9	9 × 6	1 × 9	7 × 9
9 × 2	9 × 9	1 × 9	2 × 9	9 × 0	9 × 3	9 × 4	10 × 9
3 × 9	5 × 9	3 × 9	6 × 9	9 × 4	7 × 9	9 × 9	7 × 9

DAY 60 — Multiplying 9

Name: ---------------------------
Date: ---------------------------

Score: /32   Time: :

9 × 0	2 × 9	9 × 4	6 × 9	9 × 8	1 × 9	9 × 3	5 × 9
7 × 9	9 × 9	0 × 9	9 × 1	10 × 9	9 × 9	2 × 9	9 × 9
9 × 3	8 × 9	9 × 4	7 × 9	9 × 5	9 × 6	9 × 0	10 × 9
2 × 9	4 × 9	6 × 9	9 × 8	9 × 1	3 × 9	9 × 5	9 × 9

DAY 61 — Multiplying 9

Name: ----------------------------
Date: ----------------------------

Score: /32   Time: :

9 × 2	3 × 9	9 × 5	7 × 9	9 × 9	2 × 9	9 × 0	4 × 9
6 × 9	9 × 2	0 × 9	9 × 2	10 × 9	4 × 9	6 × 9	9 × 8
9 × 1	3 × 9	9 × 5	7 × 9	9 × 9	9 × 1	9 × 9	10 × 9
2 × 9	8 × 9	3 × 9	9 × 7	9 × 4	6 × 9	9 × 9	5 × 9

DAY 62 — Multiplying 10

Name: ----------------------------

Date: ----------------------------

Score: /32   Time: :

10 × 2	10 × 8	5 × 10	9 × 10	10 × 5	3 × 10	10 × 7	6 × 10
10 × 5	10 × 0	1 × 10	10 × 1	10 × 4	6 × 10	10 × 3	10 × 9
1 × 10	10 × 7	2 × 10	10 × 4	8 × 10	10 × 2	1 × 10	10 × 5
10 × 2	10 × 6	10 × 7	8 × 10	3 × 10	10 × 4	10 × 5	2 × 10

DAY 63 — Multiplying 10

Name: ------------------------
Date: ------------------------
Score: /32   Time: :

10 × 1	10 × 0	2 × 10	5 × 10	10 × 0	2 × 10	10 × 8	9 × 10
10 × 3	10 × 5	0 × 10	10 × 2	10 × 9	1 × 10	10 × 2	10 × 3
2 × 10	10 × 1	0 × 10	10 × 2	2 × 10	10 × 6	3 × 10	10 × 9
10 × 5	10 × 7	10 × 0	3 × 10	2 × 10	10 × 0	10 × 4	4 × 10

DAY 64 — Multiplying 10

Name: ----------------------------
Date: ----------------------------

Score: /32   Time: :

10 × 5	10 × 7	10 × 10	0 × 10	10 × 1	4 × 10	10 × 10	5 × 10
10 × 9	10 × 6	3 × 10	10 × 8	10 × 1	8 × 10	10 × 9	10 × 2
9 × 10	10 × 10	6 × 10	10 × 7	0 × 10	10 × 2	6 × 10	10 × 1
10 × 6	10 × 3	10 × 7	5 × 10	7 × 10	10 × 8	10 × 3	10 × 10

DAY 65 — Multiplying 10

Name: ----------------------------
Date: ----------------------------
Score: /32   Time: __:__

10 × 3	10 × 10	10 × 2	2 × 10	10 × 8	5 × 10	10 × 10	9 × 10
10 × 5	10 × 10	7 × 10	10 × 3	10 × 6	2 × 10	10 × 0	10 × 1
10 × 10	10 × 0	4 × 10	10 × 2	6 × 10	10 × 1	9 × 10	10 × 8
10 × 7	10 × 2	10 × 9	10 × 10	5 × 10	10 × 2	10 × 6	7 × 10

DAY 66 — Multiplying 10

Name: --------------------------
Date: --------------------------

Score: /32   Time: :

| 10 × 10 | 1 × 10 | 10 × 2 | 5 × 10 | 10 × 0 | 2 × 10 | 10 × 9 | 8 × 10 |

| 10 × 3 | 5 × 10 | 0 × 10 | 10 × 2 | 10 × 9 | 1 × 10 | 10 × 10 | 10 × 3 |

| 2 × 10 | 10 × 1 | 2 × 10 | 10 × 0 | 10 × 10 | 10 × 2 | 6 × 10 | 10 × 2 |

| 10 × 10 | 10 × 9 | 10 × 3 | 5 × 10 | 7 × 10 | 10 × 0 | 10 × 3 | 2 × 10 |

DAY 67 — Multiplying 10

Name: ----------------------------
Date: ----------------------------

Score: /32   Time: __:__

10 × 2	10 × 10	10 × 0	3 × 10	10 × 1	4 × 10	10 × 10	7 × 10
10 × 6	10 × 10	2 × 10	10 × 3	10 × 2	4 × 10	10 × 1	10 × 7
10 × 10	10 × 5	0 × 10	10 × 9	9 × 10	10 × 8	2 × 10	10 × 5
10 × 1	10 × 5	10 × 0	10 × 10	1 × 10	10 × 4	10 × 5	9 × 10

DAY 68 — Multiplying 10

Name: ----------------------------
Date: ----------------------------
Score: /32   Time: :

10×5	10×2	0×10	6×10	10×8	1×10	10×3	5×10
10×7	10×9	0×10	10×2	10×6	4×10	10×8	10×1
9×10	10×2	8×10	10×3	7×10	10×4	6×10	10×4
10×5	10×1	10×3	7×10	9×10	10×0	10×8	9×10

DAY 69 — Multiplying 11

Name: ----------------------------
Date: ----------------------------
Score: /32   Time: :

11 × 4	11 × 3	2 × 11	1 × 11	11 × 8	5 × 11	11 × 5	7 × 11
11 × 0	11 × 6	9 × 11	11 × 4	11 × 1	7 × 11	11 × 4	11 × 8
9 × 11	11 × 6	7 × 11	11 × 9	3 × 11	11 × 0	2 × 11	11 × 2
11 × 8	11 × 9	11 × 5	4 × 11	2 × 11	11 × 3	11 × 6	8 × 11

DAY 70 — Multiplying 11

Name: --------------------------
Date: --------------------------

Score: /32   Time: :

| 11 × 1 | 11 × 7 | 5 × 11 | 0 × 11 | 11 × 9 | 6 × 11 | 11 × 4 | 3 × 11 |

| 11 × 7 | 11 × 5 | 4 × 11 | 11 × 8 | 11 × 5 | 5 × 11 | 11 × 9 | 11 × 6 |

| 8 × 11 | 11 × 1 | 8 × 11 | 11 × 0 | 5 × 11 | 11 × 6 | 7 × 11 | 11 × 7 |

| 11 × 3 | 11 × 4 | 11 × 9 | 5 × 11 | 1 × 11 | 11 × 8 | 11 × 7 | 6 × 11 |

DAY 71 — Multiplying 11

Name: ----------------------------
Date: ----------------------------
Score: /32   Time:

11 × 6	11 × 3	10 × 11	7 × 11	11 × 4	6 × 11	11 × 10	9 × 11
11 × 5	11 × 0	5 × 11	11 × 9	11 × 8	4 × 11	11 × 0	11 × 1
7 × 11	11 × 10	4 × 11	11 × 9	7 × 11	11 × 6	7 × 11	11 × 8
11 × 3	11 × 0	11 × 9	7 × 11	0 × 11	11 × 4	11 × 0	10 × 11

DAY 72 — Multiplying 11

Name: --------------------------
Date: --------------------------

Score: /32 Time :

| 11 × 1 | 11 × 7 | 10 × 11 | 5 × 11 | 11 × 1 | 9 × 11 | 11 × 10 | 6 × 11 |

| 11 × 4 | 11 × 3 | 6 × 11 | 11 × 7 | 11 × 9 | 1 × 11 | 11 × 8 | 11 × 7 |

| 1 × 11 | 11 × 10 | 0 × 11 | 11 × 5 | 8 × 11 | 11 × 0 | 3 × 11 | 11 × 4 |

| 11 × 9 | 11 × 1 | 11 × 7 | 6 × 11 | 5 × 11 | 11 × 9 | 11 × 8 | 10 × 11 |

DAY 73 — Multiplying 11

Name: ------------------------
Date: ------------------------
Score: /32   Time: :

| 11 × 3 | 11 × 9 | 10 × 11 | 1 × 11 | 11 × 4 | 0 × 11 | 11 × 10 | 1 × 11 |

| 11 × 7 | 11 × 1 | 8 × 11 | 11 × 9 | 11 × 4 | 0 × 11 | 11 × 6 | 11 × 4 |

| 3 × 11 | 11 × 10 | 7 × 11 | 11 × 6 | 7 × 11 | 11 × 3 | 5 × 11 | 11 × 9 |

| 11 × 1 | 11 × 6 | 11 × 0 | 9 × 11 | 4 × 11 | 11 × 0 | 11 × 1 | 10 × 11 |

DAY 74 — Multiplying 11

Name: ----------------------------
Date: ----------------------------

Score: /32   Time:

11 × 4	10 × 11	11 × 5	1 × 11	11 × 0	9 × 11	11 × 10	6 × 11
11 × 7	11 × 10	5 × 11	11 × 8	11 × 9	4 × 11	11 × 1	11 × 0
10 × 11	11 × 7	9 × 11	11 × 3	9 × 11	11 × 6	1 × 11	11 × 5
11 × 3	11 × 0	11 × 1	10 × 11	4 × 11	11 × 6	11 × 3	9 × 11

DAY 75 — Multiplying 11

Name: ----------------------------

Date: ----------------------------

Score: /32   Time: __:__

11 × 9	10 × 11	11 × 4	5 × 11	11 × 1	2 × 11	11 × 10	5 × 11
11 × 4	11 × 10	2 × 11	11 × 5	11 × 9	1 × 11	11 × 9	11 × 5
10 × 11	11 × 4	3 × 11	11 × 1	8 × 11	11 × 0	7 × 11	11 × 6
11 × 0	11 × 9	11 × 4	10 × 11	7 × 11	11 × 3	11 × 1	7 × 11

DAY 76 — Multiplying 12

Name: --------------------------
Date: --------------------------

Score: /32 Time :

12 × 1	12 × 5	8 × 12	0 × 12	12 × 3	1 × 12	12 × 0	9 × 12
12 × 1	12 × 7	0 × 12	12 × 1	12 × 1	0 × 12	12 × 6	12 × 0
2 × 12	12 × 4	1 × 12	12 × 1	0 × 12	12 × 3	6 × 12	12 × 1
12 × 7	12 × 2	12 × 4	8 × 12	5 × 12	12 × 9	12 × 7	3 × 12

DAY 77 — Multiplying 12

Name: ----------------------------
Date: ----------------------------

Score: /32   Time: __:__

12 × 6	12 × 1	10 × 12	7 × 12	12 × 8	9 × 12	12 × 10	2 × 12
12 × 3	12 × 1	4 × 12	12 × 5	12 × 9	4 × 12	12 × 2	12 × 1
6 × 12	12 × 10	5 × 12	12 × 3	7 × 12	12 × 0	8 × 12	12 × 5
12 × 7	12 × 5	12 × 4	3 × 12	6 × 12	12 × 9	12 × 8	10 × 12

DAY 78

Name: ----------------------------
Date: ----------------------------
Score: /32   Time: :

| 12 × 5 | 10 × 12 | 12 × 7 | 0 × 12 | 12 × 6 | 9 × 12 | 12 × 10 | 1 × 12 |

| 12 × 3 | 12 × 10 | 4 × 12 | 12 × 8 | 12 × 2 | 0 × 12 | 12 × 9 | 12 × 5 |

| 10 × 12 | 12 × 1 | 6 × 12 | 12 × 7 | 8 × 12 | 12 × 2 | 3 × 12 | 12 × 4 |

| 12 × 6 | 12 × 7 | 12 × 4 | 10 × 12 | 8 × 12 | 12 × 9 | 12 × 2 | 3 × 12 |

DAY 79 — Multiplying 12

Name: ----------------------------
Date: ----------------------------

Score: /32   Time: :

12 × 10	3 × 12	12 × 8	1 × 12	12 × 2	7 × 12	12 × 4	9 × 12
12 × 0	1 × 12	5 × 12	12 × 6	12 × 3	7 × 12	12 × 10	12 × 4
5 × 12	12 × 8	0 × 12	12 × 9	10 × 12	12 × 5	1 × 12	12 × 0
10 × 12	12 × 6	12 × 8	3 × 12	2 × 12	12 × 4	12 × 7	9 × 12

DAY 80 — Multiplying 12

Name: ----------------------------
Date: ----------------------------

Score: /32   Time: :

12 × 10	1 × 12	12 × 3	5 × 12	12 × 7	9 × 12	12 × 0	2 × 12
12 × 4	6 × 12	8 × 12	12 × 0	12 × 9	1 × 12	12 × 10	12 × 8
2 × 12	12 × 7	3 × 12	12 × 6	10 × 12	12 × 4	5 × 12	12 × 1
10 × 12	12 × 5	12 × 9	3 × 12	7 × 12	12 × 6	12 × 4	9 × 12

DAY 81 — Multiplying 12

Name: ---------------------------
Date: ---------------------------

Score: /32   Time: :

12 × 8	12 × 6	2 × 12	7 × 12	12 × 0	9 × 12	12 × 5	3 × 12
12 × 9	12 × 4	5 × 12	12 × 0	12 × 3	2 × 12	12 × 1	12 × 6
3 × 12	12 × 7	8 × 12	12 × 2	9 × 12	12 × 5	3 × 12	12 × 4
12 × 2	12 × 8	12 × 9	0 × 12	6 × 12	12 × 5	12 × 3	6 × 12

DAY 82 — Multiplying 12

Name: ----------------------------

Date: ----------------------------

Score: /32   Time: :

12 × 10	0 × 12	12 × 2	4 × 12	12 × 6	8 × 12	12 × 1	3 × 12
12 × 5	7 × 12	9 × 12	12 × 0	12 × 9	1 × 12	12 × 10	12 × 8
2 × 12	12 × 7	3 × 12	12 × 6	10 × 12	12 × 4	5 × 12	12 × 1
10 × 12	12 × 0	12 × 5	9 × 12	1 × 12	12 × 3	12 × 6	9 × 12

DAY 83 — Mixed problems

Name: ----------------------------
Date: ----------------------------
Score: /32   Time: :

3 × 2	5 × 1	1 × 1	3 × 0	4 × 1	3 × 1	10 × 8	12 × 9
1 × 0	4 × 7	11 × 3	1 × 1	5 × 5	7 × 2	10 × 10	7 × 6
8 × 2	12 × 10	2 × 6	5 × 3	8 × 2	11 × 5	3 × 2	2 × 9
5 × 1	11 × 7	10 × 1	9 × 1	3 × 4	6 × 6	5 × 5	7 × 4

DAY 84 — Mixed problems

Name: ---------------------------

Date: ---------------------------

Score: /32   Time: :

2 × 7	1 × 5	4 × 4	5 × 9	1 × 4	4 × 3	10 × 3	12 × 8
6 × 2	0 × 4	11 × 1	4 × 1	7 × 2	2 × 0	12 × 10	0 × 9
1 × 7	11 × 10	2 × 7	2 × 4	4 × 0	11 × 0	9 × 6	4 × 6
4 × 5	11 × 9	10 × 6	0 × 9	1 × 2	9 × 6	3 × 2	9 × 3

DAY 85 — Mixed problems

Name: ----------------------------
Date: ----------------------------
Score: /32   Time: __:__

10 × 6	1 × 3	0 × 6	4 × 5	7 × 7	4 × 2	12 × 8	0 × 3
3 × 9	4 × 0	9 × 8	6 × 3	11 × 2	3 × 6	9 × 8	3 × 2
7 × 6	1 × 5	6 × 1	10 × 3	5 × 7	12 × 10	8 × 5	8 × 0
4 × 9	3 × 5	10 × 7	9 × 3	1 × 3	8 × 2	7 × 3	9 × 4

DAY 86 — Mixed problems

Name: ----------------------
Date: ----------------------
Score: /32
Time: :

| 10 × 4 | 8 × 0 | 7 × 9 | 6 × 1 | 3 × 1 | 3 × 6 | 12 × 5 | 2 × 2 |

| 1 × 2 | 7 × 5 | 8 × 3 | 7 × 7 | 11 × 9 | 7 × 0 | 5 × 5 | 5 × 1 |

| 6 × 4 | 4 × 1 | 7 × 2 | 10 × 9 | 9 × 6 | 10 × 12 | 6 × 5 | 7 × 5 |

| 9 × 2 | 2 × 3 | 10 × 0 | 1 × 0 | 0 × 3 | 7 × 5 | 7 × 7 | 8 × 9 |

DAY 87 — Mixed problems

Name: ----------------------------
Date: ----------------------------
Score: /32   Time: :

3 × 2	10 × 8	4 × 12	1 × 0	5 × 7	8 × 5	12 × 3	11 × 7
7 × 7	8 × 9	11 × 1	8 × 0	4 × 9	3 × 5	12 × 10	8 × 3
6 × 4	10 × 10	0 × 5	7 × 2	5 × 2	12 × 9	1 × 5	2 × 1
3 × 1	11 × 7	10 × 2	3 × 6	5 × 0	9 × 8	7 × 6	5 × 5

DAY 88 — Mixed problems

Name: ----------------------------
Date: ----------------------------

Score: /32   Time: :

2 × 9	10 × 7	3 × 12	2 × 7	9 × 8	2 × 8	11 × 5	12 × 9

4 × 6	5 × 4	10 × 5	0 × 4	3 × 3	4 × 1	11 × 10	6 × 1

3 × 1	12 × 10	4 × 3	8 × 8	5 × 5	11 × 3	7 × 2	3 × 7

4 × 5	12 × 1	11 × 9	7 × 1	1 × 4	6 × 4	5 × 6	9 × 9

DAY 89 — Mixed problems

Name: _____
Date: _____
Score: /32 Time: __:__

3 × 2	2 × 3	8 × 2	9 × 5	3 × 5	7 × 3	4 × 3	7 × 6
4 × 4	9 × 3	3 × 8	5 × 8	2 × 6	6 × 4	7 × 5	8 × 3
8 × 6	5 × 5	8 × 3	5 × 4	2 × 7	8 × 4	9 × 1	1 × 9
4 × 3	5 × 1	10 × 1	6 × 1	7 × 4	6 × 5	3 × 1	9 × 2

DAY 90 — Mixed problems

Name: --------------------------
Date: --------------------------

Score: /32   Time: :

| 10 × 9 | 7 × 9 | 6 × 4 | 3 × 2 | 1 × 3 | 9 × 2 | 2 × 4 | 12 × 6 |

| 9 × 8 | 5 × 2 | 4 × 2 | 8 × 2 | 5 × 6 | 9 × 8 | 5 × 3 | 11 × 4 |

| 3 × 9 | 7 × 3 | 9 × 8 | 9 × 6 | 4 × 7 | 2 × 0 | 11 × 10 | 7 × 9 |

| 5 × 1 | 9 × 4 | 10 × 4 | 7 × 7 | 8 × 0 | 9 × 2 | 2 × 7 | 6 × 6 |

DAY 91 — Mixed problems

Name: ---------------------------
Date: ---------------------------

Score: /32   Time: :

| 10 × 5 | 9 × 7 | 9 × 8 | 7 × 5 | 3 × 2 | 2 × 4 | 9 × 2 | 10 × 5 |

| 8 × 9 | 6 × 3 | 2 × 4 | 3 × 9 | 6 × 5 | 9 × 9 | 4 × 2 | 12 × 6 |

| 9 × 3 | 6 × 2 | 1 × 3 | 1 × 5 | 2 × 8 | 4 × 6 | 10 × 10 | 5 × 3 |

| 5 × 6 | 8 × 6 | 10 × 7 | 3 × 8 | 5 × 4 | 2 × 2 | 5 × 8 | 9 × 9 |

DAY 92 — Mixed problems

Name: --------------------------
Date: --------------------------
Score: /32   Time: :

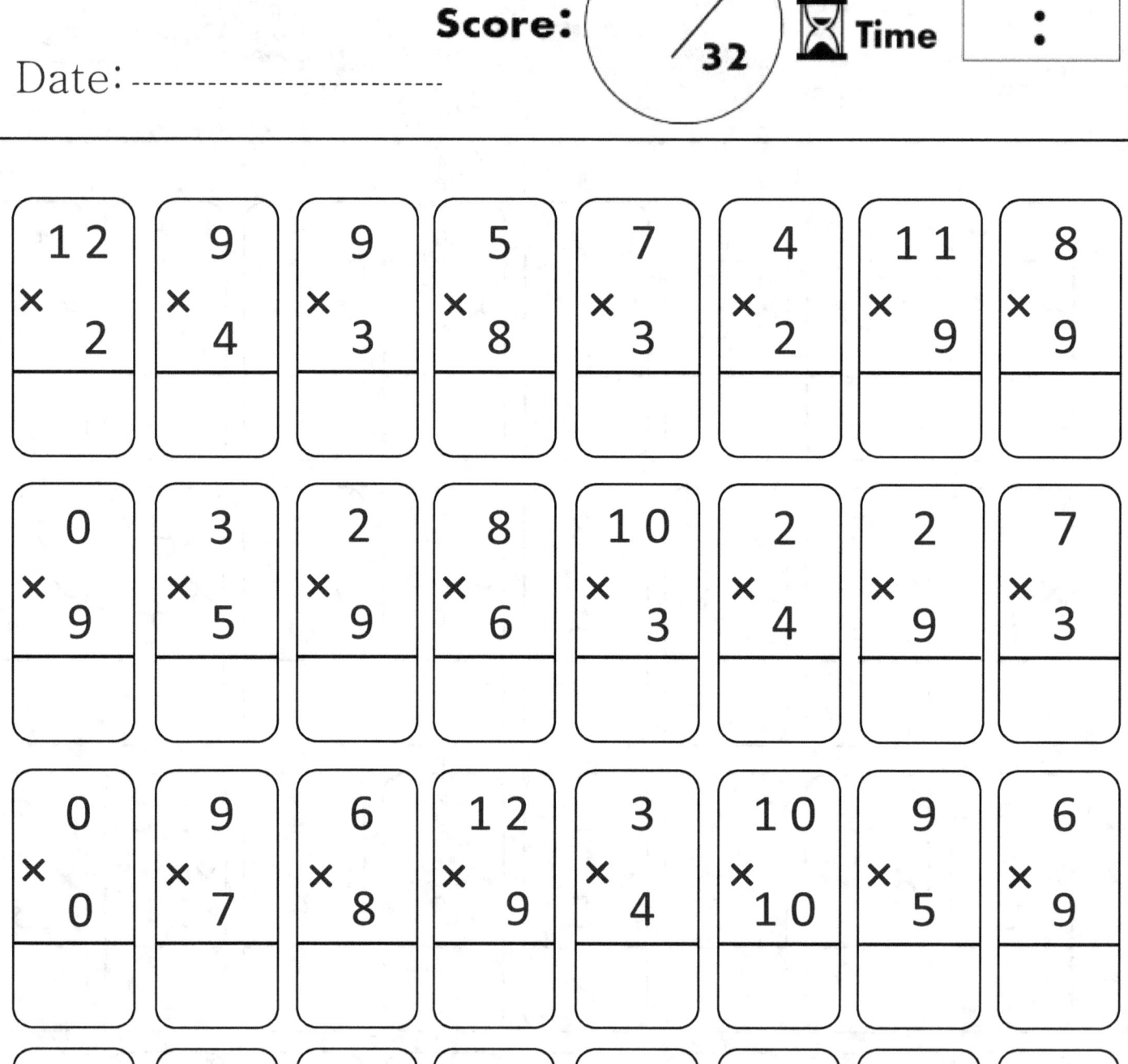

DAY 93 — Mixed problems

Name: _____
Score: /32   Time: __:__
Date: _____

3 × 4	4 × 2	3 × 2	2 × 9	2 × 5	2 × 8	2 × 7	2 × 9
1 × 2	9 × 2	1 × 8	3 × 0	3 × 5	2 × 5	2 × 9	12 × 6
2 × 4	2 × 5	11 × 9	1 × 0	6 × 1	1 × 5	1 × 7	1 × 2
7 × 9	3 × 9	10 × 2	6 × 8	9 × 5	6 × 8	6 × 6	7 × 1

DAY 94 — Mixed problems

Name: ----------------------------
Score: /32
Date: ----------------------------
Time:

2 × 2	1 × 1	1 × 2	1 × 0	2 × 0	6 × 2	1 × 1	2 × 1
8 × 2	7 × 0	7 × 1	3 × 8	4 × 1	2 × 3	4 × 1	10 × 8
5 × 8	3 × 7	10 × 3	4 × 8	4 × 2	6 × 5	9 × 2	1 × 5
4 × 5	4 × 1	11 × 9	7 × 5	4 × 4	5 × 1	7 × 0	6 × 6

DAY 95 — Mixed problems

Name: _____
Date: _____
Score: __/32
Time: __:__

10 × 2	4 × 8	4 × 1	2 × 2	7 × 3	8 × 1	11 × 9	3 × 3
1 × 6	7 × 3	3 × 5	5 × 1	12 × 0	2 × 5	9 × 2	4 × 1
4 × 6	5 × 9	0 × 1	11 × 3	3 × 2	10 × 10	6 × 8	8 × 4
5 × 2	2 × 5	11 × 0	5 × 1	3 × 9	4 × 6	6 × 4	8 × 8

DAY 96 — Mixed problems

Name: --------------------------
Date: --------------------------

Score: /32 Time :

10 × 1	1 × 2	0 × 7	2 × 1	3 × 7	2 × 3	12 × 4	5 × 0
2 × 6	3 × 2	5 × 2	4 × 5	11 × 5	3 × 1	4 × 2	3 × 6
8 × 2	6 × 1	4 × 3	12 × 7	3 × 1	10 × 10	7 × 3	2 × 1
0 × 3	4 × 1	11 × 7	2 × 7	3 × 2	1 × 5	2 × 4	9 × 7

DAY 97 — Mixed problems

Name: _____
Date: _____
Score: /32 Time: __:__

12 × 9	3 × 3	4 × 1	5 × 1	2 × 1	0 × 5	11 × 2	1 × 0
2 × 2	5 × 1	1 × 3	6 × 4	10 × 4	3 × 5	2 × 5	7 × 2
4 × 4	3 × 2	0 × 2	11 × 8	4 × 2	10 × 10	4 × 5	9 × 8
8 × 4	5 × 6	12 × 4	2 × 4	3 × 3	5 × 8	8 × 6	4 × 4

DAY 98 — Mixed problems

Name: ----------------------------
Date: ----------------------------
Score: /32
Time:

11 × 6	2 × 1	6 × 4	7 × 2	7 × 6	3 × 3	12 × 9	7 × 3
3 × 9	8 × 1	7 × 2	6 × 0	10 × 0	1 × 3	9 × 9	4 × 8
5 × 4	5 × 5	8 × 1	12 × 5	3 × 3	12 × 10	9 × 5	7 × 2
7 × 8	6 × 7	10 × 4	9 × 3	5 × 7	8 × 6	7 × 8	5 × 1

DAY 99 — Mixed problems

Name: ----------------------------
Date: ----------------------------
Score: /32   Time: :

2 × 6	3 × 5	3 × 4	6 × 7	6 × 4	5 × 2	11 × 3	10 × 9
2 × 3	5 × 3	12 × 6	3 × 2	7 × 6	2 × 3	12 × 10	5 × 7
6 × 0	11 × 10	8 × 5	1 × 7	2 × 3	12 × 9	6 × 1	3 × 3
7 × 2	11 × 3	10 × 9	4 × 3	7 × 4	3 × 5	4 × 8	4 × 9

DAY 100 — Mixed problems

Name: ----------------------------

Date: ----------------------------

Score: /32   Time:

10 × 3	5 × 1	5 × 9	2 × 0	8 × 7	2 × 1	11 × 2	5 × 2
6 × 7	5 × 5	4 × 6	7 × 9	12 × 4	9 × 5	7 × 3	2 × 2
6 × 4	3 × 9	5 × 4	10 × 6	8 × 3	10 × 10	6 × 3	2 × 1
1 × 3	8 × 9	10 × 0	8 × 8	9 × 7	9 × 4	7 × 9	9 × 9

Answer key

x	1	2	3	4	5	6	7	8	9	10	11	12
1	1	2	3	4	5	6	7	8	9	10	11	12
2	2	4	6	8	10	12	14	16	18	20	22	24
3	3	6	9	12	15	18	21	24	27	30	33	36
4	4	8	12	16	20	24	28	32	36	40	44	48
5	5	10	15	20	25	30	35	40	45	50	55	60
6	6	12	18	24	30	36	42	48	54	60	66	72
7	7	14	21	28	35	42	49	56	63	70	77	84
8	8	16	24	32	40	48	56	64	72	80	88	96
9	9	18	27	36	45	54	63	72	81	90	99	108
10	10	20	30	40	50	60	70	80	90	100	110	120
11	11	22	33	44	55	66	77	88	99	110	121	132
12	12	24	36	48	60	72	84	96	108	120	132	144

The end ....

www.ingramcontent.com/pod-product-compliance
Lightning Source LLC
Chambersburg PA
CBHW060424220526
45465CB00008B/3007